村井先生的私房

澎湃烧

村井理子

山东人民出版社 · 济南
国家一级出版社 全国百佳图书出版单位

图书在版编目（CIP）数据

澎湃烧/(日)村井理子著；李玉双译.--济南:山东人民出版社，2020.4
ISBN 978-7-209-11328-1

Ⅰ．①澎… Ⅱ．①村… ②李… Ⅲ．①电烤箱－菜谱 Ⅳ．①TS972.129.2

中国版本图书馆CIP数据核字(2018)第068687号

澎湃烧

PENG PAI SHAO

［日］村井理子　著　李玉双　译

主管单位　山东出版传媒股份有限公司
出版发行　山东人民出版社
出 版 人　胡长青
社　　址　济南市英雄山路165号
邮　　编　250002
电　　话　总编室（0531）82098914
　　　　　市场部（0531）82098027
网　　址　http://www.sd-book.com.cn
印　　装　济南龙玺印刷有限公司
经　　销　新华书店

规　　格　16开（183mm×200mm）
印　　张　5
字　　数　30千字
版　　次　2020年4月第1版
印　　次　2020年4月第1次
ISBN 978-7-209-11328-1
定　　价　38.00元
　　　　　如有印装质量问题，请与出版社总编室联系调换。

前言

崇尚简约生活的我，希望饮食，尽量简单又美味，在经过反复尝试和摸索之后，《澎湃烧》菜谱终于诞生了。

切好食材，装烤盘之后，将其放入烤箱，这种简便之法，不需要花费心思和工夫就能做出好吃的料理。只要身边有食材和愿意品尝“烤箱料理之美味”，无论是谁，都能做出一盘美味佳肴。一个人独自品尝也好，作为聚会餐桌上的主打菜也好，备受追捧的“澎湃烧”，对大家来说都是得心应手的菜谱。在工作繁忙或是朋友突然造访时，“澎湃烧”会为你救急。

这本书是将我的原创菜谱与食品调配师高桥由纪女士编辑整理的《团队澎湃烧》的菜谱，整合收录为一册。书中所列全部菜谱都非常实用，制作简单而且美味无比！

初学澎湃烧，即使稍有失败也没关系，不要以为它很难，请带着愉悦的心情去尝试吧，这也会给亲朋好友带来快乐。

村井理子

村井先生的私房

澎湃烧

目录

本书的规则

“澎湃烧”的基本做法

“澎湃烧”，根据制作要点就可以做出满意的料理，所以没有标记食材用量。首先掌握澎湃烧的基本做法，本书所有菜谱的基本做法，参照《澎湃烧的基本 Recipe》（第 20 页），每个菜谱只列出了制作要点。

橄榄油用量

“澎湃烧”菜谱的关键在于橄榄油的用量是否合适，可以根据个人喜好（建议根类蔬菜多放些橄榄油，这样能够熟透，也容易入味）和使用烤盘大小来调整所需用量，没有列出精确用量，重要的是放橄榄油时要均匀，再就是按照个人喜好增减。橄榄油的大致用量和使用方法参照《澎湃烧的基本 Recipe》（第 20 页）。

烧烤前的准备工作

制作“澎湃烧”的优点是食材大多都可以直接拿来用，但有些食材，在烧烤前进行适当处理，味道会更好，要点参照《澎湃烧的基本 Recipe》（第 20 页）。

烤箱料理的注意事项

烤箱

本书中所标注的加热时间等，是以电烤箱为标准。在使用煤气烤箱时，请将温度稍微调低一点儿（大致 160 ~ 170 度）或根据烧烤的情况进行调整。

＊顺便说明，村井先生使用的是煤气烤箱，请将《村井先生的私房澎湃烧日记》（第 10 页）中所标记的时间，调整为适合电烤箱的时间。

烤盘和耐热器

“澎湃烧”所用的烤盘或耐热器，每家各不相同，本书没有特别写明器皿的尺寸和食材的用量，根据手头现有的烤盘和耐热器的大小，装满食材就可以了。在使用烤盘以外的器皿时，必须使用珐琅和陶瓷制品。

隔热手套

“澎湃烧”基本上是只要将材料放入烤箱，之后等待烤熟即可，在烤好后取出时要注意防止烫伤！使用叠厚的抹布也可以，但最好是用厨房专用连指手套（端锅用具），它能包裹住整个手部，防止烫伤。

什么是澎湃烧？

澎湃烧是将喜欢的食材，装满烤盘，放入烤箱烧烤的料理。
美味可口而且充满魅力。

做法简单·美味可口

澎湃烧制作方法简单易学，切好食材，装满烤盘，放入烤箱烧烤即可。食材经过充分烧烤，香味更浓郁。品尝着料理的美味，让人无法不为之惊奇和感动。食材的切法没有什么讲究，若不想切的话，囫囵放入烤箱也可以。土豆和牛蒡等根类蔬菜，直接带皮烧烤，口味更好，营养价值也会更高。烧烤的方法也特别简便，将食材放入烤箱后，等待完成即可，不会失败。

给大家带来幸福

澎湃烧的烤制时间约 30 分钟，这期间离开厨房做其他事也不用担心食物会烧焦，对于工作较忙的人来说，这是非常难得的烹饪方法。即使遇到客人突然造访这样的情况，利用烤箱做招待客人的菜，临时准备也不会手忙脚乱，料理做好后将烤盘直接端到饭桌上（饭后清洗非常方便），这别具一格的做法，更能营造出欢乐气氛。

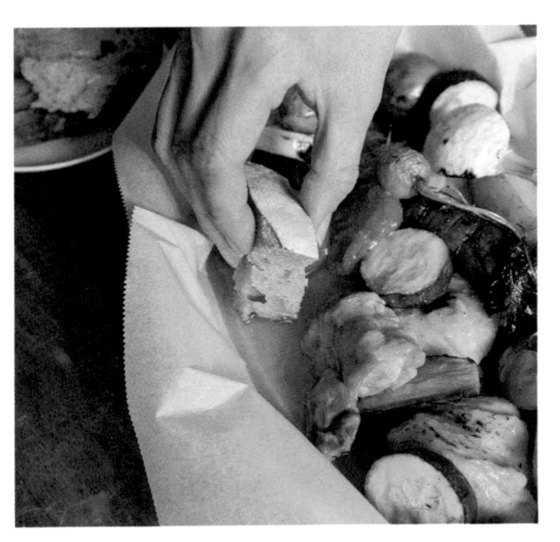

慢火烤制香味浓郁

用慢火烤制，食材的美味精华能够彻底释放出来，如肉类和香肠充分受热香味会完全散发出来，吸收了香味的蔬菜味道更鲜美，经慢火烤制而成的料理颜色也好看，令人产生食欲，吃起来口感鲜嫩。此外，与蔬菜里渗出的水分融合而成的油，变成上等的“美味汁”，可以拿面包蘸着吃，尽情享受这美味。

材料组合无限大

澎湃烧的原料组合很随意，不仅如此，超常规的食材搭配，也是烹饪的快乐源泉。例如《鳕鱼 × 香蕉 × 芋头 × 熏肉》（第 37 页），仅从食材搭配看就是让人感到非常惊讶的菜谱，它实现了甜与咸的绝妙平衡，形成独家风味。请大家也去体验一下这富有创意的澎湃烧。

村井先生的私房

澎湃烧日记

只用盐和橄榄油来调味也能做出令人吃惊的美食！

○月×日

这道菜虽然只放了橄榄油和盐这两样最平常的调味品，但将肉和蔬菜塞满烤盘一起烤，食材里的美味相互融合，味道更鲜美。

放入羊肉香气更浓郁。

从烤箱取出来后，烧烤过的蒜去皮，在菜上涂抹黄油，成为一道很好的下酒菜。

购买牛蒡要选择最好的，然后洗净切成长段，这样简单地处理，美味足以让人感动："牛蒡原来这样鲜美！"

BEFORE

AFTER

30 min

猪肩里脊 × 羊肉 × 米茄

猪肩里脊切大块，羊肉带骨，小土豆、牛蒡和蒜都带皮与蘑菇、香肠、米茄一起放入烤盘，撒上盐，再加充足的橄榄油，放入烤箱。

200度烤30分钟

BEFORE

鸡肉 × 柠檬

将鸡腿肉与鸡翅满满盛入耐热容器中，用柠檬片加以装饰，撒上荷兰芹粗末和迷迭香，放盐后，淋入橄榄油和柠檬汁，放入烤箱。

200度烤30分钟

AFTER

30 min

◎月△日

单一肉类的美味烧烤

如果说放入多种食材混合烧烤是美味王道的话，那么这道菜就是“用单一食材也能做出美味”的例子。为增加食感，可以用带骨鸡肉和大块鸡腿肉同烤，这样烤盘内不留空隙，看上去有充实感，也能弥补带骨肉吃起来有些费劲的缺点。建议尝试鸡肉与柠檬的组合，从烤箱飘出的柠檬清香味会强烈刺激人的食欲。总之，这是烧烤过程中最能激发期待感的一道菜。时间从容的话，将柠檬汁、橄榄油、椒盐、香草末组合搅拌成调味汁，腌泡鸡肉入味，也可以连同调味汁一起烧烤。

面包也可以作为烧烤食材（任何食材都可以）

这一天很想喝点酒，于是就随意做了这道简约的烧烤。肉完全解冻后，容易烤透。

这次我试着把面包也放了进去，食材里的精华融合成的油，渗入面包里，非常好吃！

喜欢什么食材，都可以放进去尝试，不会意外失败，无须担心。

从烤箱里取出后，放上一起烤过的蒜和黄油。

把餐桌搬到阳台上，一边欣赏美景，慢慢来上一杯，在悠然自得中，不知不觉把肉都吃完了。

BEFORE

AFTER

30 min

猪肩里脊 × 法国面包

肉用的是猪肩里脊和香肠，土豆和牛蒡都切成细长形，蒜带皮。这道菜要尽量烤透，最后5分钟把法国面包放进去。

200度烤30分钟

BEFORE

肉 × 多种蔬菜

鸡翅、猪肩里脊、各种腊肠、菜花、蚕豆、牛蒡、土豆、藕、蘑菇等，都尽量切成一般大小。为便于烧烤，芋头预先用锅煮透。

200度烤30分钟

冰箱里有什么食材都可以拿出来烧烤

这次的澎湃烧，是把别人送来的食物和自家剩下的食物全部放入了烤盘，拍照后一看，不禁想："食材放得太多了吧。"但由于是多种食材搭配烧烤，美味凝聚，格外好吃！看到这意外的新组合也是一种乐趣。放蚕豆是偶然的闪念，烤后松软热乎，美味可口。

顺便说一下，烧烤之后的照片，忘记拍摄了……

改制成次日其他美味料理

ARRANGEMENT

如果想在外观上做点名堂，可加上油炸豆腐（京都风味），烤至色泽看上去让你眼前一亮，吃起来清脆可口，闻着香气扑鼻即达到满意效果了。放上烤软的蒜和鸡肉，别具风味，禁不住感叹：“有开放式三明治的味道！”

将烧烤后的蔬菜和肉分开，加入寿司醋放入冰箱腌制一夜，次日就可以做什锦寿司的装饰品。

第二天经寿司醋浸泡过的鸡肉色泽鲜艳。

紫洋葱也可以作为装饰品，使料理看上去更赏心悦目。用寿司醋腌泡过的茄子好吃到让你惊叹！

BEFORE

油炸豆腐 × 米茄 × 鸡腿肉

把鸡腿肉切成大块，油炸豆腐切成三角形，洋葱（紫＋白）和地瓜切成圆形，土豆对半切开，茄子切成大块。把它们一起全装进容器，再放入蒜和蘑菇，在上面均匀撒上盐，绕圈淋上橄榄油，放入烤箱。

200度烤30分钟

AFTER

土豆整列烧烤

土豆切成长条，放入盆中再加橄榄油绕圈搅拌，均匀涂上一层油，整齐排在烤盘上，放入烤箱。

200度烤30分钟

保全蔬菜营养的极简烧烤法

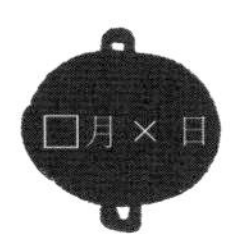

土豆排列在烤盘上烧烤，这种做法非常简单，也符合健康饮食的标准，好吃到让人无法抗拒！作为孩子们的零食，它也广受欢迎。周末来我家玩的孩子们，总是对我说：“我好想吃薯条！”油炸薯条的话，没有咔哧咔哧的酥脆口感，也不会这么上瘾。白薯、芋头、莲藕等，任何一种都可以用这种方式烧烤，同样美味可口。

需要注意的是，切好土豆后，放入盆内加橄榄油多搅一会儿，烤出来的土豆条更美观。还有，别忘了撒盐。

任何食材皆可，关键是放入下列几类食材

制作澎湃烧的食材搭配虽然没有什么规则，但了解食材的味道和作用，合理搭配，烤制出来的料理味道会更好。在这里，给大家简要介绍一下澎湃烧的基本食材。

肉、鱼类系列

肉和鱼类含有大量谷氨酸和肌苷酸等成分，慢慢烤，香味会充分释放，与蔬菜的甜味和鲜味结合，再加上食用油的效果，味道更加鲜美。香肠等肉类加工食品香味浓郁，里面还含有相当多的盐分，所以要根据食材适量放盐。

食感系列

蔬菜中，土豆、莲藕和牛蒡等根类菜清脆可口，让人回味无穷，成为首选食材。这类蔬菜还能充分吸收肉类和食用油的香味，请一定选用。根类蔬菜的外皮也具有美味和营养价值，建议清洗时用刷子洗掉皮表面的土即可。芋头可以煮熟剥皮再烤，口感更细软。

香味系列

洋葱、胡萝卜、芹菜等香味蔬菜，有鲜味和甜香味。这类蔬菜单独烧烤味道也很好，和肉类一起烧烤，菜的甜味能够完全散发出来，还能吸收肉类油脂，是不可少的烧烤食材。大蒜带薄皮烧烤，甜味充足，口感细软。香味系列蔬菜也是澎湃烧的常用食材。

色彩系列

澎湃烧是制作简单的料理，所以要特别重视外观色彩。如番茄的鲜红色会让人产生食欲，而且味道也很浓郁。番茄烤透，吃的时候捣碎还能起到调味酱的作用。花椰菜、青椒等绿色蔬菜和红辣椒等蔬菜，色泽鲜艳亮眼，是澎湃烧的重要食材。此外，面包也是增添美味和色彩的独特食材。

无限可能性

喜欢的食材都可以用来做澎湃烧

这个菜谱中还有很多食材登场。除前面列举的肉类之外，海鲜类也是上好的美味食材，请一定要尝试。根菜类中推荐南瓜和萝卜，特别是萝卜，口感清脆且水分充足。用烤箱做出来的萝卜别有一番风味，是生吃或煮萝卜体验不到的。豆腐烤老道一些，香味更浓。大葱能够完全吸收其他食材的美味，好吃到让人忍不住自言自语：味道棒极了！用喜欢的食材去不断尝试做澎湃烧，就会品尝到各种美味。

添加调味料吃起来更爽口！

香草、柑橘和食用油系列是料理美味倍增的搭配诀窍

香草类

迷迭香

薄荷

意大利香芹

浓香型的香草类调味料，烧烤时受热会使香味倍增，略微加入一点儿，就能给人难以形容的“美味”感受。直接使用鲜香草，香味就已很浓，干香草调味效果最佳，请一定要尝试使用。与适宜的食材搭配，效果会更好。下面列出的是具有代表性的食材与香草的搭配。可根据个人的喜好多尝试，会发现自己喜欢的搭配。

最佳搭配

1 迷迭香×猪肉

紫苏科迷迭香是带有刺激性香味的香草，它能掩盖猪肉和羊肉等肉类的异味，并使肉类变得爽口。迷迭香适宜搭配所有的肉类，是澎湃烧必备的香草。

2 意大利香芹×海鲜

水芹科荷兰芹属的意大利香芹，比荷兰芹苦味弱些，香味很浓，捣碎后做贝类的沙司，或是撕成小段最后放到海鲜里，一道浓郁芳香的料理就完成了。

3 月桂香叶×牛肉

月桂树叶干后，有很强的除臭功效，与牛肉等肉类搭配，能消除异味，散发出清香。用一片月桂叶就有显著效果。

4 茴香×海鲜

水芹科茴香属的茴香，其叶和种都可作为食物的香料使用。茴香具有很强的消臭功效，具有香甜味及微苦的特征，很适合与白肉鱼和三文鱼搭配。

5 青紫苏叶×鸡肉×白肉鱼

紫苏科紫苏属的青紫苏叶含有胡萝卜素、维生素B群等多种营养元素，与鸡肉、白肉鱼等淡白色的肉类很搭配。具有代表性的是烤鸡胸肉。

6 香菜×鸡肉×猪肉

香菜也称芫荽，属水芹科的一年生香草。其独特的芳香广受人们喜爱，但用于民族风味的料理时效果最好。香菜是同任何食物搭配都具有存在感的香草。

柑橘类

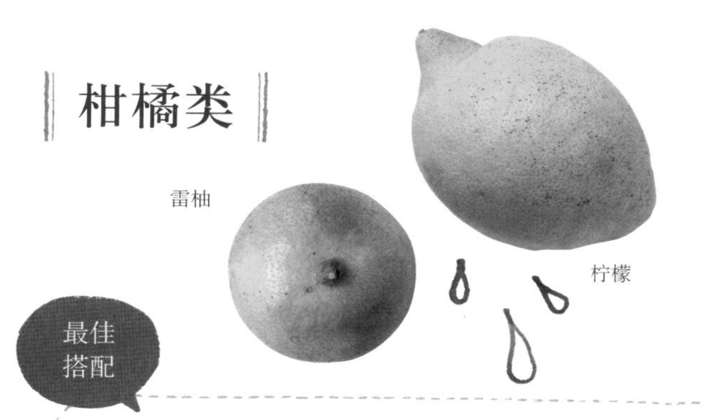

柠檬、雷柚、酸橙等柑橘类食品是和香草一样能散发出芳香的水果。烤盘中加入柑橘类看上去更富时尚感，令人赏心悦目。柑橘类水果切成片放到食物中间，或者在放入烤箱前滴上少量果汁，做出来的料理会变得更清爽可口，请务必尝试一下。适宜相配的食材有很多，普通吃法是用柑橘类的水果榨汁。这是从烤鱼、油炸食品和烤鸡串等的做法中得到启发的。

最佳搭配

1 柠檬 × 鸡肉

村井先生说这两样食材是最佳搭配，"从烤箱漂出来的清香激发人的食欲"，浓香味也增加对料理的期待感，柠檬切片显得很美观。

2 柠檬（酸橙）× 鱼贝类

意大利料理和越南料理等经常使用此搭配。这不仅能使菜变得清淡，而且也能抑制腥味。略微放入一点儿榨的果汁，烧烤效果会更好。

3 酸橘（柚子、雷柚）× 白肉鱼、鸡肉

日餐中经常使用的日式柑橘类也建议多用于澎湃烧，它和白肉鱼一起烧烤时，会让人联想到料理店里烤鱼时的搭配。可以放入榨的果汁烧烤，也可以将酸橘等小柑橘切一半，烤完后放在上面。和鸡肉一起烧烤时，类似于烤鸡肉串的搭配。食用时也可添加辣根。

盐

盐是澎湃烧不可缺少的调味品，它的作用很大，不仅可以调味，而且能增添食材的美味，还能将食材中多余的水分沥出来。盐的种类很多，海盐的成分很复杂，有钠和镁等，质地细腻，建议与鱼贝类及蔬菜（叶类蔬菜等）搭配使用。味道强劲的岩盐非常适合与肉类和根菜类搭配。

油脂类

油脂类也是澎湃烧的必备品，本菜谱最常用的是橄榄油。若希望料理的味道更浓香，建议用黄油，希望做出略带甜味的特色料理就要用椰子油等。根据需求分别使用，能做出令人心满意足的料理。芝麻油适合用于根菜类蔬菜、谷物类和豆腐。油脂的用量根据个人喜好而定，但多放点儿，食材的美味会充分散发出来。

切料 → 装盘 → 烧烤！

澎湃烧的

基本Recipe

掌握澎湃烧的基本做法。澎湃烧的制作方法很简单，下面来详细解说做好澎湃烧的要点。

- 鸡腿肉……1块
- 香肠……4根
- 洋葱……1个
- 土豆……2个
- 莲藕……1/2节
- 番茄……1个
- 胡萝卜……1个
- 盐……适量
- 橄榄油……适量（约3大勺）
- 迷迭香……少量

《切食材》

切蔬菜

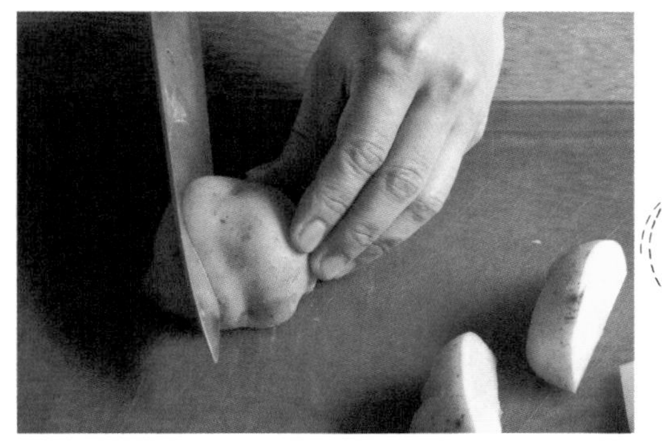

洋葱去外皮，对切成8等份，土豆带皮对切成两半，每半再分别切成3等份。番茄去蒂，对切成大块，莲藕（带皮）和胡萝卜切成不规则的大块。

1

切肉类

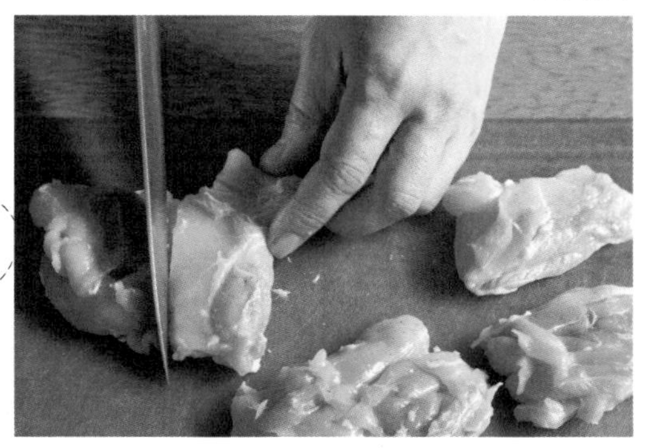

从鸡腿肉厚的地方开始切，都切成厚度均等的大块。香肠从中间斜着切成两半。肉类烤过之后会变小，稍微切大一点儿为好。

食材大小一致

澎湃烧食材切割时大小基本相当，烧烤的熟成度均衡，外观也好看。另外，像土豆等根菜类蔬菜带皮烧烤更有香味，建议不要削皮。

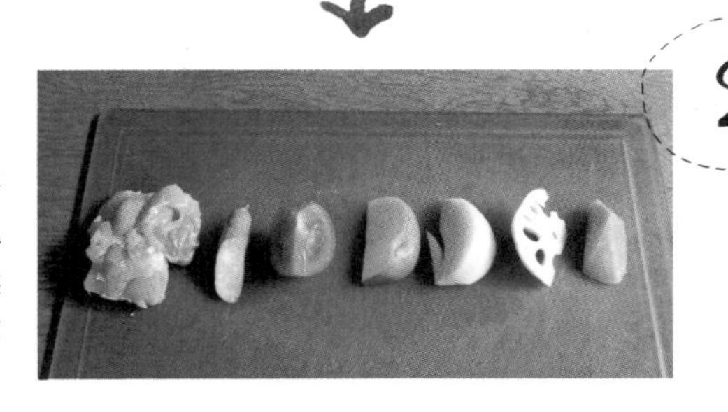

2

更美味

事先准备

肉·鱼预先放盐腌制

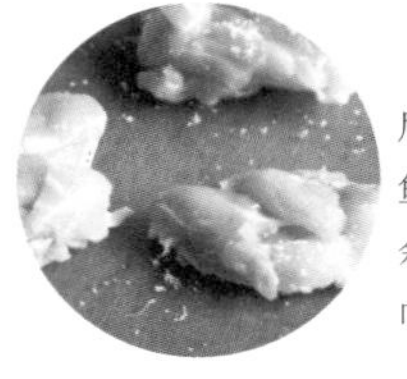

肉和鱼在切开后两面都撒一层盐。鱼放盐后会渗出多余的水分，要用纸巾擦去。

芋头煮后再烧烤

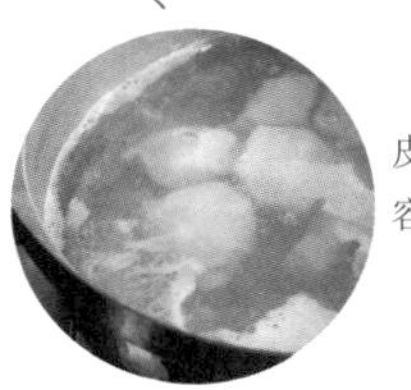

放芋头时，去皮煮熟后烧烤，既容易熟又软绵。

给肉块表面上色

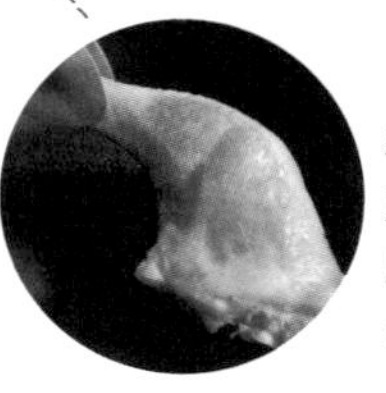

若想将带骨的鸡腿肉和牛肉做得美观，可以先用平底锅迅速把肉烤出金黄色。

《装满烤盘》

食材挤得满满的
为最好！

1 在烤盘锡纸上撒盐

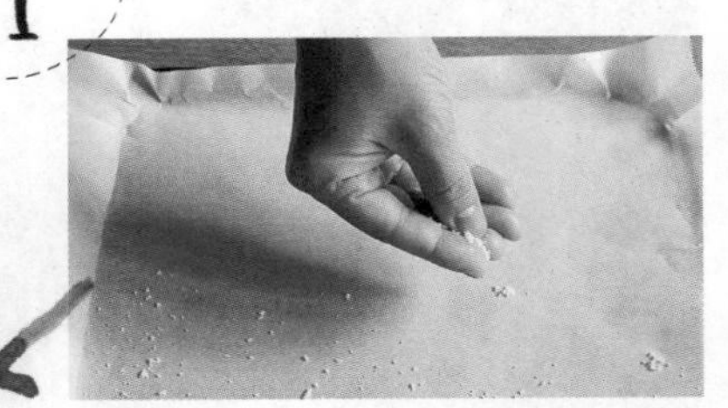

烤盘铺上锡纸后，像图片所示均匀地撒上一层盐。

2 食材摆放均匀

烤盘（耐热器）铺上锡纸，在上面均衡地摆满食材。希望整盘料理味道均一，就要注意食材摆放尽量做到不偏不倚。在烧烤过程中，食材会相应地变小，所以，装盘时留心摆放位置是否恰到好处是很重要的。

这样做料理更美味！

命名为“盐三明治”

肉和鱼预先撒盐腌制，食材装烤盘时，上下撒盐是一种调味方式。先在锡纸上撒盐，然后食材上面再撒盐，“两层盐”是给料理增添美味的重要诀窍，也可以根据个人喜好在食材上面放胡椒粉。

3 食材上面撒盐

食材装满烤盘后，再在上面均匀地撒盐。

烤箱烧烤
必需品

烤箱用纸

锡纸

在烧烤过程中，食材渗出的水分容易烤焦，粘在烤盘上。使用锡纸能够避免这种情况发生，过后清洗也方便。

烤箱预热

加橄榄油

在食材上绕圈加上橄榄油。秘诀就是尽量仔细地一滴滴地在食材上均匀添加。大致用量根据烤盘和耐热盘大小决定，但本书的做法是边念“奥·里·宜·布（橄榄油的读音）”边用加油瓶均匀添加，加入的量以重复该词的次数为准，平均念3 ～ 5遍“奥·里·宜·布”。需要注意的方面是，放橄榄油过少的地方，食材受热不均也不易出香味。

托付给烤箱

注重色彩的话，添加“绿色”

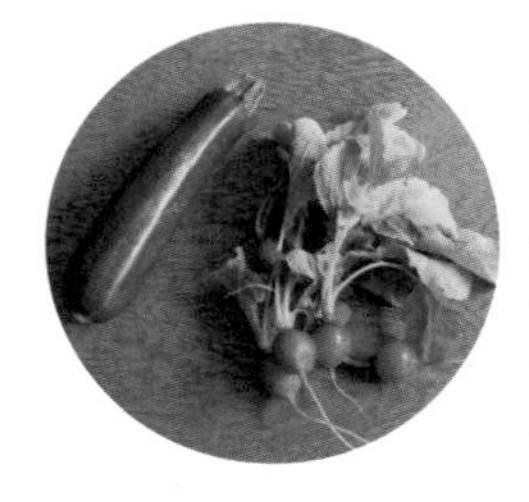

美化料理外观

烧烤到最后5 ～ 10分钟时，放进去容易熟的绿色蔬菜和即食面包。叶类菜，尤其是新鲜的绿叶菜，色泽亮眼，还能提升料理的口感和美味。

2

烤箱烧烤

将烤箱温度设定为200度，大约烤30分钟。根据食材的量和大小来适当延长烤制时间，若希望食材表面烤出金黄色，可将温度提高到220 ～ 230度，并且再多烤上几分钟。

从简单的烧烤到多种配料的烧烤

主角澎湃烧

可爱的红萝卜

鸡胸肉 × 大葱 × 红萝卜

- 鸡胸肉
- 大葱
- 红萝卜
- 芹菜
- 水煮鹌鹑蛋
- 剥皮的栗子
- 蒜（带皮）

迷迭香、盐、橄榄油

首要的一点是，鸡胸肉要切成大块，以免烤干硬。

烧烤前，将鸡胸肉厚的地方用刀切口后再抚平，这样容易熟。大葱都切成7厘米左右的长条，芹菜切的长度与大葱基本相同。

用鹌鹑蛋和剥皮的栗子作为点缀，所以要摆放均匀。红萝卜连叶子一起放入，淡淡的苦香味给这道菜增添特色。大蒜带皮烧烤，能保存香味，口感也更细软。

200度烤30分钟

根据个人喜好可以添加酸奶。

TIPS

“红萝卜也能烧烤！”有人会这样感叹，而事实上，烧烤后的红萝卜，凝缩的鲜美味道和外观都是从来没有感受过的。鸡胸肉醇香可口，剥皮栗子松软香甜，让你越吃越爱吃！

大蒜和酸奶是最佳搭配，是适宜任何食材的万能酱。酸奶中加入少许蒜泥、少许盐和白芝麻酱，充分搅拌即可。

CHICKEN × GREEN ONION × RADISH

正宗日式风味 既可做家常菜也可做酒肴

竹笋×大葱×油炸豆腐

- 竹笋（水煮）
- 大葱
- 油炸豆腐

盐、橄榄油、黄油、
酱油、鲣鱼干

竹笋对半切开，再纵向切成大致四等份，这样烧烤，口感清爽，味道甜美且多汁。

油炸豆腐厚度与竹笋大致相当，切成2厘米左右。大葱要斜向切成薄片，葱末也准备少量，在食用时根据自己的喜好来添加。

200度烤30分钟

黄油融化，在里面加入少许酱油，趁热绕圈浇在料理上面，立马变成一道美味佳肴。食用时可根据自己的喜好放上鲣鱼干和葱末。

TIPS

在刚端出烤箱的料理上面，浇上加入酱油的黄油，能完全激起你的食欲，自鸣得意："这样也很好。"美味一点点渗进竹笋和油炸豆腐中，既可作为米饭的下饭菜，又可作为日本酒和白酒的下酒佳肴。

红绿搭配、简单美味

番茄 × 油梨

- 喜欢的番茄数种
- 油梨

盐、橄榄油

圣女果这样的小型番茄连枝带蒂一起放入进行烧烤。硬的番茄和稍大的番茄去蒂后切成两半。

油梨削皮去核，切成不规则的形状。根据个人喜好决定放番茄的种类，但因为这个菜谱是简单的材料组合，番茄多放几个品种，菜品的味道、口感会更好。吃的时候，可以根据个人喜好加盐。

200度烤30分钟

TIPS

不管怎么说，番茄的红色让人大饱眼福增加食欲。油梨的绿色也使料理增辉。如果不加油梨，只用番茄做这道菜的话，把剩余部分挤碎，可以作为番茄酱来用。

品味香脆薯片

玉米薯片 × 番茄

蔬菜（番茄、青椒、洋葱、黄瓜、蒜）切碎后，快速加入橄榄油、盐、辣椒粉，用酸橙榨的汁来调味，搅拌均匀。

- 玉米薯片（原味）
- 番茄
- 油梨
- 墨西哥辣椒（生食用的辣椒亦可）
- 柠檬片

盐、橄榄油

将玉米薯片放入铺了锡纸的烤盘或耐热蒸锅上，在上面加入切成1厘米的番茄块和油梨块，以及切成片的墨西哥辣椒，上面用柠檬片装饰。随后，马上移入预热的烤箱里。

想要吃清脆的用180度烤20分钟即可，完全烤熟的话，需要烤30分钟。

TIPS

用墨西哥食材点缀，有热色拉的感觉，是非常棒的料理。想享受脆脆的口感，要在烤后马上食用。放入调味酱，根据个人喜好也可以再加香菜。

刺山柑调料　让料理味美醇香

鲑鱼×土豆×红辣椒

- 生鲑
- 土豆
- 辣椒（黄）
- 洋葱
- 芸豆
- 刺山柑

茴香、盐、胡椒、橄榄油

鲑鱼含水分较多，放盐后多腌制一会儿，等水分渗出后，挤干水分切成大块。土豆带皮切成1厘米宽的小块，这样美味才能出来。洋葱和辣椒切成与土豆同样的大小和形状，这样受热均匀，而且美观。将整根芸豆放入。刺山柑已含咸味，所以要撒均匀。

200度烤30分钟

TIPS

刺山柑的咸味和茴香的香味组合，可使料理更鲜美。蔬菜所切的大小基本一致，熟成度和外观效果好。吃剩下的菜再做焗烤，味道也很好。

Before

回味无穷！谜一般“满满的白色”

白色澎湃烧

鸡腿肉 × 根菜 × 白芸豆

- 鸡腿肉
- 芋头
- 莲藕
- 萝卜
- 白芸豆
- 日本大和芋

盐、橄榄油

将鸡肉切成大块，莲藕和萝卜带皮切成厚度1厘米左右的段，若想将芋头烤得松软好吃，勿忘要事先煮一下。把白芸豆挤干水分。将食材装满烤盘，撒盐，淋上橄榄油。

180度烤30分钟

在烧烤的同时，将大和芋搅碎，并撒少许盐搅拌均匀。

蔬菜烤好后从烤箱取出，放上搅碎的大和芋，再放入烤箱。

200度烤10 ~ 15分钟

TIPS

将煮后的山药搅碎，做成膨松酱状。所有的食材清脆多汁，口感各有特色，尤其是莲藕入味，口感极佳！

CHICKEN × ROOT VEGETABLES × WHITE KIDNEY BEANS

令人口感愉悦的烤肉块，
食材的精华浓缩！

猪肩里脊 × 芜菁 × 南瓜 × 面包

- 猪肩里脊（块）
- 芜菁
- 南瓜
- 红辣椒
- 大葱
- 生姜片
- 面包

新鲜龙蒿、
盐、橄榄油

将猪肩里脊肉原块用绳子绑紧，放在烤盘中央，比起切成薄片，这样烧烤可以让肉质更柔软，肉汁被锁在里面更加美味。

芜菁和南瓜带皮切成一口大小，葱切成6厘米左右的长段，红辣椒切成不规则小片，大小和其他的蔬菜基本相同。在各处放入生姜片，也放上香料。

面包则要在烧烤的最后5～10分钟放入。

香草调料，若是没有新鲜龙蒿，也可以放罗勒。

烤箱设定200度烤30分钟。放入面包后再烤5～10分钟。烤好后静待10分钟左右，会更美味。

TIPS

烧烤后的肉呈粉红色(如下图)。用电烤箱烤制的话，肉能够烤透，味道也更佳。芜菁烤后，美味浓缩，鲜嫩可口。面包吸收里面渗出的精华汤汁，特别好吃。

女子力UP的外观、豪华感倍增

红色澎湃烧

辣椒×胡萝卜×番茄×紫洋葱

鳀鱼脊肉剁碎，与蛋黄酱一起做底料，再放入柠檬汁和芥末搅拌调味。放鳀鱼是做好这道菜的小窍门，适宜搭配这几种红色蔬菜。

- 辣椒（红）
- 胡萝卜
- 番茄（中等大小）
- 紫洋葱

鲜麝香、盐、橄榄油

辣椒切成2厘米厚圆形。胡萝卜和洋葱切成1厘米厚的圆片。番茄去蒂对切成两半，所有食材的厚度大致相同，能够烤得均匀，还能增添美感，让人喜爱。麝香最好是鲜的，没有的话可以用干的，放少许麝香，浓香味倍增。

200度烤30分钟

TIPS

特别希望做一道“鲜红的料理”，试着做了这盘烧烤，美味无比！多放点橄榄油烧烤效果更好，这样能够使番茄的鲜味、胡萝卜和洋葱的甜味完全释放出来。

具有冲击感的甜、咸、香的融合

鳕鱼×香蕉×芋头×熏肉

椰子风味

柠檬片带皮，切成扇形，干辣椒带种，用手撕开。用相同比例的越南鱼酱和水混合搅拌，放入柠檬片和辣椒，再用白糖调味，简单的调味酱就做好了。

- 鳕鱼
- 香蕉
- 芋头
- 熏肉
- 椰子汁

盐、胡椒、椰子油

鳕鱼撒盐，放盐后多腌一会儿，水分渗出后，去掉水分切成一口大小的块状。香蕉切成约4等分，把煮过的芋头切成两半，熏肉切成4等分。把熏肉以外的食材装进小烤盘里，再把熏肉放在上面，最后均匀地撒上盐。因为熏肉含有香味和盐味，在食材上面放熏肉和盐时，要注意适量摆均衡。

食材上面循环浇上少许椰子汁，放入烤箱。

200度烤30分钟

TIPS

看到食材，请不要认为“这很平常哦”，那样想的话就亏了。香蕉的甜味和熏肉的咸味特别棒，真会让人吃上瘾。鳕鱼是氨基酸的宝库，加热后美味倍增。意外发现，这道菜也很适合做威士忌的下酒菜。

TOFU × DEEP FRIED TOFU × PICKLED PLUM × FISH SAUSAGE × GREEN ONION

味增·蛋黄酱

味增和蛋黄酱以2：1的比例混合，再加入姜末和甜料酒搅拌，制成味道醇厚的日式味增蛋黄酱。

有亲切感的食材，新鲜又美味

豆腐×油炸豆腐×梅干×鱼肉卷×大葱

- 绢豆腐
- 油炸豆腐
- 梅干
- 圆筒形鱼肉卷
- 大葱
- 沙丁鱼

青紫苏、盐、芝麻油

豆腐切成两半，然后再切成6等分。油炸豆腐跟豆腐的大小一致。圆筒形鱼卷斜切；大葱切成4厘米长，一小部分斜切成薄片备用。需要注意的是，食材在烤盘里的摆放高度和量要基本相当，这样烧烤的熟成度均匀，看上去也赏心悦目。油炸豆腐、豆腐和鱼卷装盘后，将切好的大葱立在周围，在食材上面撒上切好的薄片葱和沙丁鱼，然后再均匀地放入切碎的梅干。

在上面绕圈加入盐和芝麻油，最后放入烤箱。

200度烤20～25分钟

摆放烤盘的时候将油炸豆腐尽量放在上面，能烤出又酥又脆的口感，非常好吃。另外，烤完后再撒上青紫苏，颜色更鲜艳。最后再加入调好的味增蛋黄酱，就成为一顿美餐。

TIPS

仅看食材，感觉不过是一道普通的类似水煮豆腐的菜谱，但当用烤箱做出来后，豆腐的水分恰到好处地被蒸发，变得紧致酥香，美味无比。另外，与红肉的金枪鱼等搭配也很好吃。

CLAMS × PURPLE ONION × DEEP FRIED TOFU

欧芹制成的调味酱

欧芹切成细末，和柠檬汁、蒜泥、橄榄油、盐放在一起搅拌。照片中是烤后收缩的普通欧芹，使用意大利芹味道更佳。

成年人喜欢的美味佳肴，适宜配葡萄酒

蛤蜊 × 紫洋葱 × 油炸豆腐

- 蛤蜊（吐掉贝壳内沙子）
- 紫洋葱
- 油炸豆腐

- 白葡萄酒
- 生姜

柠檬皮、盐、橄榄油

紫洋葱对切成厚度为3厘米左右的块状。生姜切丝，油炸豆腐切成长方块。将食材装到烤盘里，然后加入白葡萄酒、橄榄油和盐，放入烤箱。

200度烤30分钟

蛤蜊含有盐分，所以先品尝下咸淡再放少量盐为好，免得过咸。烤到蛤蜊外壳张开即成，做好后放入用切碎的欧芹制成的调味酱，柠檬皮搅碎，除了使料理的香味更浓外，看上去也美观。

食用时，可以用面包蘸料理中的鲜美汤汁来吃。

TIPS

油炸豆腐外观格外好看，带壳的蛤蜊渗出鲜美的汤汁。柠檬末和欧芹末调味酱中再加入大蒜，效果最棒。无论怎么说，这道菜都特别适合与白葡萄酒搭配。

餐桌上气氛热烈！冲击力百分百

多种薯类 × 牛排肉 × 花椰菜

- 牛排肉
- 薯多种（这次用的是白薯、土豆、山药）
- 花椰菜
- 大蒜（带薄皮）

鲜迷迭香、岩盐、橄榄油

这道菜外观看上去豪华，做法却很简单！牛排肉事先尽可能用平底锅稍微烤一下，便于上色。薯类切成自己喜欢的形状，大小基本相同，花椰菜分成小块，将食材满满地塞进烤盘。大蒜带皮放入，能把香气锁住。撒上适合与瘦肉搭配的岩盐。牛排肉切成2厘米厚块烧烤为好，食用时不用再切，直接端上饭桌即可，很方便。

200度烤30分钟

TIPS

这就是百分百受欢迎的牛排澎湃烧，喜欢吃肉的女生不用说了，还能完全抓住男人的心。薯类可以放自己喜欢的品种，因为制作方法很简单。多放几种味道更好，看起来也美观。看到这诱人的料理，会情不自禁地想喝红酒。

POTATOES × STEAK × CAULIFLOWER

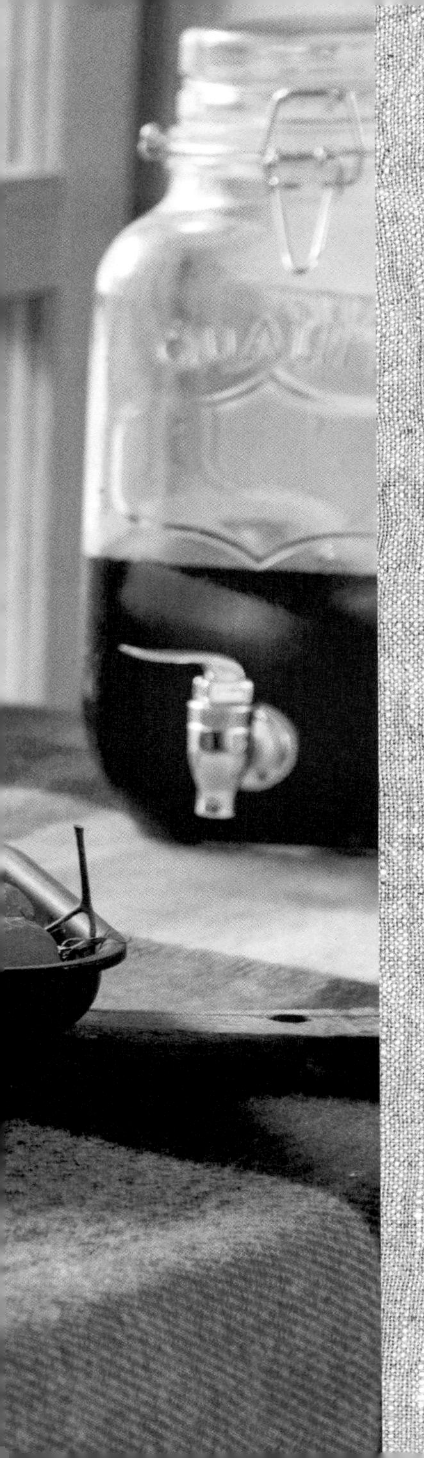

简便豪华，气氛热烈！

适合聚会的菜谱

带骨鸡腿烧烤，聚会时的极品

带骨鸡腿肉 × 多种蔬菜

- 鸡腿肉
- 土豆
- 西葫芦
- 南瓜
- 小洋葱
- 大蒜
- 橄榄果仁

鲜迷迭香、岩盐、花椒、橄榄油

带骨鸡腿肉烤成金黄色，看起来更美观。在放盐和胡椒后，烧烤之前，最好在平底锅上烤一下鸡腿（目的是烤成金黄色，用大火快速烤表面即可）。

土豆带皮，对切成大块，西葫芦切成1厘米厚，南瓜切成一口大小的块，将食材均匀地放入烤盘。小洋葱和大蒜带皮整个烧烤，会给人带来别具一格的感觉。

橄榄果仁有浓香味，均匀撒在食材上面。烤好后，将迷迭香撕开，插到鸡腿肉上面。

烧烤时间要比一般菜谱稍微长一些。

200度烤40分钟

带骨的鸡肉烧烤有种厚重感，色香味俱全，适合做大型聚会的菜谱。如圣诞节聚会时，这道高档料理从烤箱端上餐桌，期待的心情令人愉快。蔬菜带皮放入，是锁住菜里美味的要点，请一定要尝试哟。

CHICKEN × VEGETABLES

BEEF CHUNKS × ONION
× TOMATO × BURDOCK

我家真正的法式小餐馆大变身
肉块，万岁！

肉块烧烤

牛肩里脊 × 洋葱 × 带枝番茄 × 牛蒡

- 牛肩里脊（500克左右）
- 洋葱
- 带枝番茄
- 牛蒡
- 干洋李

香叶、盐、胡椒、橄榄油

牛肉块保持原状，放上盐和胡椒，尽可能先用平底锅把牛肉表面烤上色（用大火烤表面即可）。

洋葱带皮切成两半，牛蒡切成4厘米左右的圆形，李子和番茄都保持原状。若是能买到带枝的番茄，更能提升聚会的热烈气氛。

加入盐和橄榄油，再加入适宜与牛肉搭配的香叶，放入烤箱。

200度烤30分钟

烤好后关掉电源，在烤箱中再放10分钟左右，让肉变得更可口。

TIPS

在人们的眼中，令人震撼的大块肉和圆形的蔬菜，都是力量的象征，会不由发出喝彩："呵，好棒喔！"不仅如此，还要为肉块烤好后的玫瑰色（上图照片）再次喝彩。将番茄挤碎，吃起来有调味酱般的感觉。

简单却豪华，醇香佳肴

羔羊肉排×番茄×香草

- 羔羊肉排
- 番茄
- 洋葱
- 大蒜

鲜麝香草（根据喜好亦可用洋苏、薄荷等）、盐、橄榄油

洋葱对切成块，羔羊肉排事先撒盐，蒜切片，番茄切成圆片再从中间对半切开。装入烤盘时，洋葱放在最下层，上面依次放羊排、大蒜和番茄。要注意羊骨的摆放朝向，这样看起来美观而且吃起来拿取方便，适合聚会时食用。羔羊肉排与很多香草都能搭配，但兼顾清爽口感和与番茄搭配等方面，推荐使用麝香草，以及洋苏和薄荷等。

羔羊肉配小茴香很适合做铁板烧，让人脑海中突然闪现民族色彩。

200度30分钟

TIPS

配上色彩鲜艳的番茄烧烤出的羔羊肉排，很容易用手抓着吃，特别适合做聚会用菜。最近时常有聚会，关键时刻用这道菜来招待客人很受欢迎。羔羊肉排和番茄搭配，番茄美味得到提升，这是一道香气十足、适宜招待客人的美味佳肴。

LAMB CHOP × TOMATO × HERB

做法简单又有益健康

整列烧烤

煮后整列烧烤，松软如奶酪

芋头

- 芋头
- 格鲁耶尔奶酪（Gruyere Cheese）(搅碎)

盐、胡椒、橄榄油

芋头削皮，用水煮到能用竹签穿透的程度。用芋头做澎湃烧时，不管用哪个菜谱，基本都是先煮好。芋头放烤盘前，锡纸上撒一层盐，放入之后上面再撒盐，之后放胡椒，加橄榄油，放入烤箱。

200度约烤20分钟

取出放上格鲁耶尔奶酪再继续烤10分钟。

TIPS

烧烤时间超过30分钟也没有问题，将芋头烤到奶油状口味更佳！与库特勒大蒜一起吃美味可口，放在蒜蓉面包上，再滴上少许酱油，好吃到让人“死不足惜”……醉人的奶酪与白葡萄酒更是绝配。

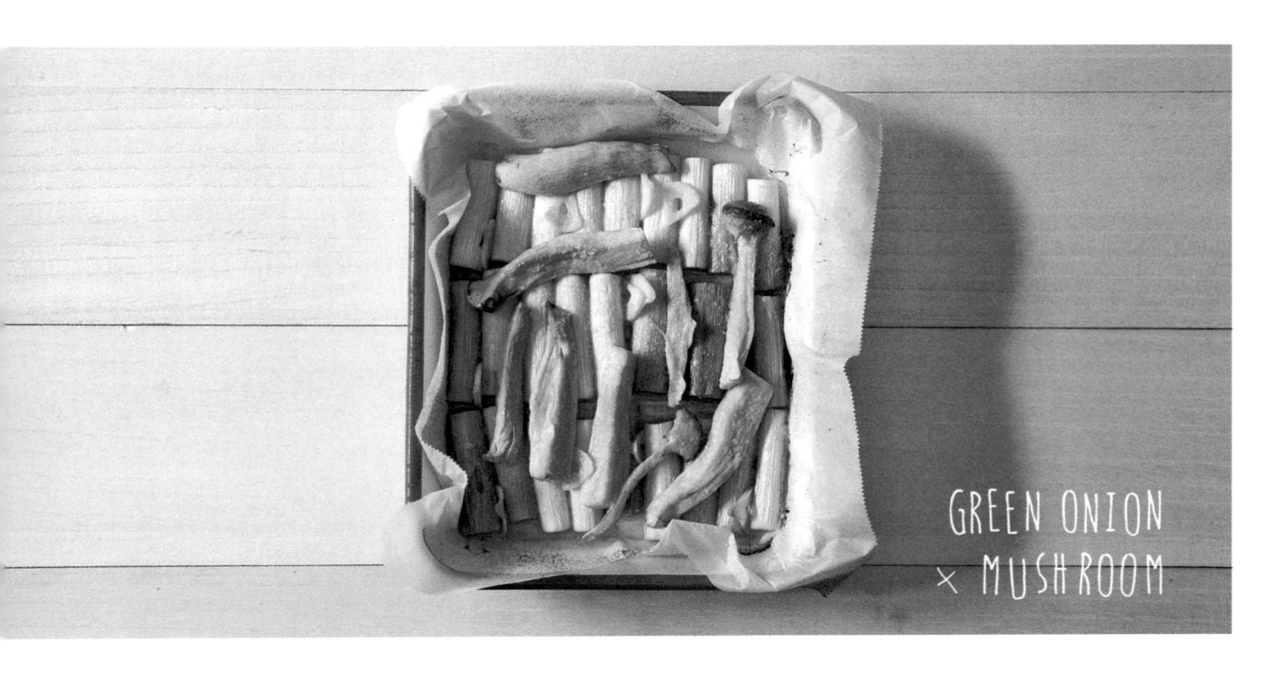

白色烧烤，看上去清淡，吃起来清香

大葱 × 杏鲍菇

- 大葱
- 杏鲍菇
- 奶酪粉
- 大蒜

盐、橄榄油

大葱切成7厘米的长段，摆在烤盘上。

蒜切片，杏鲍菇用手撕开，放在大葱上。

食用时按喜好添加香草更佳。

烤箱设置200度烤20分钟，取出加上奶酪粉，再继续烤10分钟。

TIPS

奶酪粉和大蒜以及杏鲍菇的香味，融合而成的鲜香美味，都被大葱吸收，看上去简约的烧烤，却有一种意想不到的美味。吃这道菜，最适合配白葡萄酒。

简便·容易·最好！美观又美味的整列烧烤

茄子

- 茄子
- 白葡萄酒醋、红酒醋、果醋等喜欢的醋

盐、橄榄油

茄子去蒂，竖着切成厚度1厘米左右的片。将茄子切口朝上放盐便于入味。之后就像通常的整列澎湃烧做法一样，将茄子满满地摆在耐热盘中，再在上面绕圈均匀地加上橄榄油和盐，放入烤箱。

因为茄子容易吸油，稍微控制橄榄油的用量（如图的食材所用油量大约两大汤匙）。取出后，均匀浇上自己喜欢的醋汁即可。

200度烤30分钟

TIPS

在刚烤好热气腾腾的时候加醋最佳。浇醋的瞬间，虽然会被浓烈的醋酸味呛到，但入味后，茄子的醇香会让人惊奇。趁热吃，有泡菜的味道。

满满的美味组合

南瓜 × 熏肉

- 南瓜
- 熏肉切片
- 黑葡萄醋

盐、橄榄油

南瓜带皮切成约1厘米的厚片，熏肉也切成约1厘米的厚片。紧紧地排列在方形耐热盘里，上面放上切好的熏肉，这样做，能够使熏肉的美味和咸味渗入南瓜里。

放入盐和橄榄油后，再加入黑葡萄醋，然后放入烤箱。

200度烤30分钟

南瓜和熏肉组合，二者是味道浓厚的伙伴，加入黑葡萄醋，使整体的味道更加醇厚，也能提升南瓜和熏肉的美味。

超简单且很美味

卷心菜

• 卷心菜　　盐、橄榄油

做法简便的卷心菜烧烤。

卷心菜对切成大块，然后，跟通常做法一样，上下撒两层盐，浇上橄榄油，放入烤箱烧烤即可！

200度烤30分钟

虽然只是简单的本色烧烤，但味道非常好。吃剩的卷心菜，可以轻松变身为下酒菜。推荐将剩余的部分用醋腌制，做成泡菜。

萝卜的新风味

萝卜×香肠×大葱

- 萝卜
- 香肠
- 大葱

盐、橄榄油、黄油、酱油

萝卜带皮，从中间竖切成两半，再切成1厘米的厚片，想吃松软烤萝卜的话，可以切成5毫米左右的薄片。与土豆等根茎类蔬菜一样，萝卜皮美味而且营养价值较高。

香肠斜切成两半。大葱切碎备用。整列摆放烤盘，撒上盐，加入橄榄油。用烤箱烤好后，加入黄油和酱汁（将黄油与酱油以4：1的比例，放到微波炉里加热融化），放入切好的葱末即可。

200度烤30分钟

TIPS

带皮的萝卜，口感清脆，会让人吃上瘾。在烧烤的过程中，萝卜充分吸收了香肠的浓香味，变得汁浓味香。诀窍是黄油和酱油要趁热加入。

圆形菜直接装烤盘!

圆形菜整列烧烤

小番茄×蘑菇×小土豆×西兰花

- 小番茄
- 蘑菇
- 小土豆
- 西兰花

盐、橄榄油

不需要动菜刀，轻轻松松做出圆形菜的整列烧烤，而且外观相当可爱。蘑菇擦去表面的脏物（注意不要水洗，因为会破坏蘑菇的香味），用厨房剪刀将西兰花分成小块，小番茄和土豆一样保持原状。上下两层撒盐，然后绕圈加上橄榄油，放入烤箱。虽然烤盘上不铺锡纸也不会粘连，但有时番茄渗出的汁会粘到烤盘上，对清洗感到麻烦的人，还是在烤盘上铺锡纸为好。

200度烤30分钟

TIPS

食材都是圆形菜的整列烧烤，色彩很诱人，可以作为简单的凉菜食用。当然直接这样吃就挺好，上面再加上奶酪，烧烤味道会更好，也适宜搭配抱子甘蓝。

日本的盒饭也是装得满满当当，色彩鲜艳，看上去美味诱人

放入白色方形盘里的料理，就是让村井深受感动的"初始澎湃烧"

村井住在滋贺县，饱享青山绿水的美丽自然风景

事实上，我是一名翻译家，也是喜欢做木工的女子。大约两年前，我开始在附近的木桶制作店里帮忙。每天在翻译和制作木桶这两个完全不同的世界里穿梭行走，充满了刺激感。海外有很多学生来这个桶工房参观学习，他们想来学习日本的传统工艺。大约一年前，我们为来自法国的学生举办了一场欢迎会。席间，招待大家的菜，是用鸡腿肉、鸡胸肉和土豆，满满地装在方形烤盘里，放入烤箱里烤出来的。这是寄宿在木桶店里的一位巴黎女子做的料理。我品尝了一口就被这美味佳肴深深打动，做起来这么简便的料理，竟然如此美味！当时就想我也要去试做……就在这一瞬间，"澎湃烧"诞生了。

第二天依然美味

剩菜次日改造

SANDWICH × SALAD

Before P.34
猪肩里脊 × 芜菁 × 南瓜 × 面包

令人赞赏的豪华气派的三明治

三明治＆沙拉

利用“猪肩里脊 × 芜菁 × 南瓜 × 面包”(第34页)，稍加改造，马上摇身变成诱人的三明治!

为方便食用，将食材切成薄片，放在面包上，或者夹进面包中间食用。根据自己的喜好，在面包上涂黄油或芥末也很好吃，很适合与黑麦面包和酸面包等搭配。

此外，还能做成另一道菜。将煮过的南瓜捣碎，加入蛋黄酱和酸奶，就变身为沙拉，也可以再加生菜等叶类蔬菜。

变身为
沙拉

TIPS

猪肩里脊经过一段时间会像熏火腿一样散发出浓郁的香味，口感滑爽，我觉得烧烤这道菜是特意为次日做三明治而准备的。把南瓜搅成泥状涂在面包上食用，也特别好吃。

加入液体奶酪，稍做烧烤即可！

简单焗烤

将“竹笋 × 大葱 × 油炸豆腐”(第28页）这道剩菜进行焗烤，避免使用白色调味汁。在菜里放上做比萨用的液体奶酪，用面包机简单烤一下即可。将竹笋和油炸豆腐烤成金黄色。这也是一道上等佳肴。

Before P.28
竹笋 × 大葱 × 油炸豆腐

TIPS

澎湃烧的优势就在于，其美味、形状和食感到了第二天丝毫无损。烧烤的竹笋过夜食用依然清脆可口。用锅煮的菜，就难以做到这点。

第一口就会惊叹美味，做法简便的汤

蛤蜊汤

蛤蜊汤鲜美极了，有此汤足矣，这不禁让我想到“蛤蜊 × 紫洋葱 × 油炸豆腐”(第41页)。这道澎湃烧就是为了做这道汤而存在的吧。这道汤是用烧烤后渗出的美味汁液连同食材一起煮，加热时在锅里再添加些水，将浮在表面的油完全撇干净，更方便食用。可以用面包蘸汤，好吃到让人连一滴也不剩。

Before P.40
蛤蜊 × 紫洋葱 × 油炸豆腐

TIPS

除了这道蛤蜊汤外，也可加入蔬菜和肉同煮，制作出别具风味的鲜汤。如同上述，也是加水煮，建议将浮在上面的油撇去。

蔬菜也能做出这样的美味！

蛋 饼

将“红色澎湃烧”（第36页）中的食物剁碎，作为蛋饼的材料。

红辣椒、胡萝卜和紫洋葱切成方便食用的块状，也容易烤制。稍微剁碎点儿，让番茄的美味释放出来。

材料里的盐若是适当，不再添加也可以。鸡蛋容易吸盐，少放点为好，免得过咸。

Before P.36
满满地烤

TIPS

不愧是红色烧烤，从蛋饼的表面能够看到蔬菜鲜艳的颜色。美味的蛋饼做好后，可以搭配适宜的香草（洋苏和龙蒿草等），吃起来更香。

超简单的常备菜

土豆沙拉＆泡菜

“鲑鱼 × 土豆 × 红辣椒”（第31页），这道料理口感松软滑润，加上蛋黄酱后就变身为土豆沙拉。做好后也可以根据个人喜好，加上切碎的欧芹。

“圆形菜整列烧烤”（第60页），外形圆溜溜令人喜爱，将其放入密封袋，再根据个人喜好，加上雪梨醋、红葡萄醋、果醋等，稍微腌制一下，就成为绝品的泡菜。不需要容器，用密封袋做泡菜，能够节省醋的用量，物美价廉。

建议将这两道简便的沙拉菜作为家庭常备菜。

Before P.31
鲑鱼 × 土豆 × 红辣椒

Before P.60
小番茄 × 蘑菇 × 小土豆 × 西兰花

腌制一下即可

甜食也可以澎湃烧

甜品

香气浓郁的香蕉和色泽鲜艳的甜橙是成年人的甜品

香蕉×甜橙×红糖

- 香蕉
- 橙子
- 红糖
- 桂皮（粉末）
- 黄油

香蕉2～3根，分别竖着切成两半；甜橙一个，切成两半，一半剥皮，切成1厘米的薄片，另一半榨成果汁。将黄油涂在耐热器的内侧，然后在上面铺满香蕉，放上甜橙片，淋上果汁。再加入2～3大勺红糖和少量的桂皮粉，然后在数处浇上大约30克黄油。放入烤箱，边注意烧烤情况边调整时间。

200度烤30分钟

TIPS

香味浓郁的香蕉和适宜搭配的甜橙，切后摆在烤盘上，浇上果汁，烧烤即可。虽然做法很简单，却能有着令人陶醉的美味和香气。可以加上白兰地或适宜搭配的朗姆酒来烤，滋味也很好。

洋李的酸味和调味品的浓香是极佳组合

洋李×椰子×小豆蔻

- 洋李（硬的）
- 小豆蔻（粉末1小勺）
- 白砂糖
- 椰蓉丝
- 香草豆
- 黄油

洋李6个，对半切开。在耐热器内侧涂上黄油，再取另一容器放入两大勺砂糖、少量香草豆和1小勺小豆蔻搅拌备用。在涂上黄油的容器里放入洋李，切面朝上，将搅拌好的调味品放进洋李无核部位，然后放入烤箱。

200度烤30分钟。中途取出，撒上椰蓉丝，再烤约7分钟（椰蓉丝呈现淡淡的黄褐色即可）。

TIPS

新鲜洋李的酸味、豆蔻的芳香和椰子的甜味融合成无与伦比的美味。除了加洋李外，用梅子、洋梨和苹果（这时豆蔻就要换成桂皮了）来代替也是十分美味的。

外观和味道就像令人怦然心动的女孩

桃子山莓甜品碎

- 黄桃罐头
- 冷冻山莓
- 红糖
- 全麦饼干
- 黄油
- 白糖

黄桃切成8等份，切口朝上放入耐热器，上面放150克左右的山莓，然后再均匀撒上适量红糖。

下一步是制作甜品碎：

在塑料袋中放入4片全麦饼干，用擀面杖擀碎，加入1小勺白糖和20克黄油，用手指边捏碎黄油边搅拌，做成甜品酥。水果上面放入甜品酥，放入烤箱。

200度烤30分钟

TIPS

酸甜滋味很适合女孩子的口味。甜中带酸，我想应该是女孩子们喜爱的味道。这道甜品，酸酸甜甜，口感绝佳。任何季节都能制作，尤其在寒冷的冬日，坐在温暖的房间里享用这道甜点，心情会变得舒畅。

PEACH & RASPBERRY CLAMBLE

后 记

不经意间，我发到个人网站上的一张“澎湃烧”照片，引起了大家的关注，以此为契机，成就了这本大家喜爱的菜谱，这是我做梦都没想到的。我也看了很多网友们上传的“澎湃烧”照片，有的是利用面包机和烤鱼架反复试做的，有的是与孩子和亲朋好友一起愉快地制作的。当我看到家庭纪念日聚会的照片，餐桌上就有“澎湃烧”时，感觉这个菜谱不仅属于我个人，而且已渐渐成为大家的菜谱，这令我十分感动。请大家在厨房里，让“澎湃烧”成为餐桌上的美味吧，也请大家今后继续上传“澎湃烧”照片给我看哦。

我希望大家无论是开心还是烦闷，“澎湃烧”菜谱都能给大家带来欢笑。

村井理子

BEFORE

AFTER

带骨鸡腿肉 × 水果 × 土豆

这是今秋制作的澎湃烧。无花果和柿子起到调味酱的作用，与鸡肉是绝配。菜品精美不亚于高级法国料理。

点评“澎湃烧”

高桥由纪（食品调配师）

虽然经常用烤箱制作料理，但像这样满满一盘烧烤是前所未有的。烤箱烧烤也可以这样做？抱着这样的想法，我开始尝试做“澎湃烧”，果然令我很吃惊，一道美味浓郁的料理轻而易举就做成了。剩下的菜，用醋腌制一下也很好吃。越是用新鲜有嚼劲的蔬菜做出来的料理越鲜美。加入白色芸豆会烤出清新爽口的汤汁。

《喜欢的澎湃烧》● 白色澎湃烧

片桐直美notes（设计师•AD）

省心省力的“澎湃烧”的确方便了爱喝酒的人。因为缩短了做料理的时间，而增加了饮酒量！村井先生，我恨你……

《喜欢的澎湃烧》

● 我的私房“澎湃烧”。棉豆腐 × 葱 × 根菜类 × 煮鸡蛋 × 凤尾鱼，做好之后撒上花椒粉！

有了这道菜，喝热酒便成为重心。

● 鸡腿肉 × 水果 × 土豆

刚刚收到村井先生最近制作的“澎湃烧”照片！半夜里，边设计版面边自言自语：“呀，这是绝对美味啊！”

山崎智世（摄影师）

我最喜欢吃蔬菜，“澎湃烧”做法中很多蔬菜不剥皮就可以享用，着实令人感动，也相当满意。本菜谱与是否擅长料理无关，料理制作人表现出的创新力，令我觉得非常有趣。

《喜欢的澎湃烧》

● 白色澎湃烧

中川节子（编辑•记者）

平时做菜就非常喜欢简单省事的煮或烧烤的方式。遇见“澎湃烧”，原本就喜好简约做饭的本性就愈加明显（笑）。澎湃烧的味道自不必多说，口感也非常好，感激不尽！

《喜欢的澎湃烧》

● 豆腐 × 油炸 × 豆腐 × 梅干 × 圆筒状鱼肉卷 × 大葱

这是很受日本人欢迎的口味。

● 芋头

松软热乎如奶酪般的芋头是非常诱人的。

● 鸡胸肉 × 大葱 × 红萝卜

超级美味的红萝卜！

间有希（编辑）

我家每次招待客人时，又是打扫卫生，又是做菜……总是忙个不停。澎湃烧给我帮了大忙（《如何制作澎湃烧》，很受欢迎！）

《喜欢的澎湃烧》

● 棉豆腐 × 鸡胸肉 × 柠檬

有益健康，而且棉豆腐更紧致。

● 芋头 × 香蕉 × 椰奶

一吃就停不下来。

● 剩菜里加水煮，摇身变成汤。（味道好极了！）